给孩子的科学素养 漫画书

阿德老师的科学教室

① 物理大惊奇

著／廖进德　编／信谊编辑部
图／樊千睿

U0215735

四川少年儿童出版社
四川少年儿童出版社

自序
每个孩子都可以喜欢学科学

很多事情在无心插柳下，由于天时地利人和，就顺其自然成就了一件好事。将儿童科学学习的记录转化成漫画书，并不是一开始就计划好的，如今能变成漫画书，带动孩童对科学产生兴趣，进一步动手学科学，真是一件美好的事!

源自真实课堂记录的科学漫画

《阿德老师的科学教室》这套漫画，源于我在信谊引导上小学的孩子每周开展一次科学学习的记录。漫画书中的阿德老师、安安、乔乔、小钧，就是我和这些孩子们的化身，你一言我一语的对话，都是来自孩子在课堂上真实的表现。课堂中老师和孩童的互动与讨论，时常迸出惊人之语，有时孩子还真能在不知科学知识的情况下，说出科学史上科学家当时的发现。在学习过程中，孩子的观察、思考、探索、想象等，实在令人印象深刻。我一直深信，孩子如有适当的引导，通过动手探索学科学，可以增进上述能力，并且爱上学习。

启动孩子科学探索的开关

我和信谊的渊源始于2011年，信谊邀请我参加面向幼儿的"亲子一起玩科学"活动。长期以来我的教学对象都是上小学的孩子，但我从那次经验中发现，幼小的孩子其实也能愉快地接触科学。通过动手做实验，满足孩子的好奇心，开启探索真实世界的开关。在那之后，我便进入信谊幼儿实验幼儿园与亲子学堂，并针对不同年龄层的孩子设计一连串科学活动课程，教学活动延续至今。

符合教育发展趋势

我从事儿童科学教育多年，清楚地知道，老师要解构转化教材，选用适当的方法引导孩子，如同导演一般让课堂朝着正确的方向走，让孩子成为学习的主人，他的学习才可能是主动、积极的。奥斯贝尔（D. P. Ausubel）的"有意义的学习"论（meaningful learning），强调有意义的学习是"主动地"探索，而不是"被动地"接受。老师如能顺性引导和支持，孩子就可以在学习的路上逐步踏实前进。现今教育发展趋势是特别重视科学素养，要培养孩子在真实的情境下，会用所学的知识和能力展现出具体的学习成果，进而解决情境中可能产生的问题。综观自己设计的科学活动及漫画中孩子们观察、探索、推论、相互辩证与实操的过程，不正是呼应了当今教育发展提出的理念与精神吗？做错了没关系，在试错中学习更多，是孩子在小学阶段学习基础科学的必经之路，特别是在科学方法中的"观察"，这种好的观察可以收获知识、技能和良好的学习态度。因此，我特别喜欢引发孩子的观察力，赞赏、肯定孩子的回应，让孩子先不怕说错，日后他才会愿意说。至于对做错或做不好的孩子，我会说："做错了，学到更多。"爱迪生发明电灯时，灯丝的实验尝试几百次都失败，人们笑他，他说："我每次都成功呀！我不是证明它们都不适合做灯丝了吗？"让孩子不怕犯错，从错误尝试中寻找正确的方法，更是一种重要的学习。

鼓励孩子清楚表达自己的观点

此外，能将观察、推论的见解，有条理地表达出来也很重要。因此我也特别重视发言，鼓励孩子说出完整的话，不可使用只言片语就想蒙混过关。日积月累，养成孩子习惯于用科学的眼光和头脑去观察和思考，整理并完整表达所思所见。鼓励孩子要"先有想法"，"再有做法"，"然后经过验证再说出来"，这是学科学重要的学习历程，也是这一套书的精神。

帮孩子建立好的学习模式

这套书除了记录老师与孩子的互动，更多的是记录孩子与孩子间的火花。孩子也会鼓励、赞赏他们的老师，加上适当的引导，孩子个个都能成为主角。老师能支持他们的学习，在他们遇到困难时适时伸出援手，孩子自然会对学习产生信心，进而积极学习。孩子也在同学的提问和回答中，逐渐建立一个好的学习循环模式。

邀您一起成就孩子的未来

在我退休之后，还有这个机会继续从事科学教育，得天下英才而教，真乃万分庆幸。希望《阿德老师的科学教室》这套漫画书，对孩童可以有启发学习科学的动机，对教师可以收教学观课之效，对家长有帮助了解孩子学习过程与成长之机会。通过不是只给出科学知识，而是启发孩子主动探索科学的漫画书，邀请您一起来推动儿童科学教育，帮助孩子习得科学素养，成就孩子的未来。

作者　**廖进德**

目录

主要人物介绍

阿德老师

风趣爱搞怪的科学老师，最喜欢有看法、有方法、有做法的小朋友，上课时不轻易说出答案。想办法让小朋友自己去观察、思考并找出答案，就是他最快乐的事。

安安

积极主动、勇于发言，有敏锐的观察和分析能力。常是第一个发现问题、解决问题的人，不过喜欢玩耍，常和小钧玩着玩着就忘了正在上课。

乔乔

个性细心谨慎，是团体里的小班长。在意见冲突时，会协调合作，虽然平时有些拘谨，不过也会表现出天真的一面。

小钧

怪点子多，爱玩爱搞笑，是班上的"开心果"。上课时常不专心，对美食最感兴趣，有天马行空的想法，有时误打误撞反而找到了答案。

神奇的空气
爆破面包

空气有什么特性？

为什么会"砰"？

是因为空气压力？

可是小明的车上没有人在打开水壶，

想想看还有什么原因？

轮胎是不是跟水壶一样，到很高的地方，空气膨胀起来才会"砰"？

上山时，气压会不一样，

轮胎里的气越来越多，所以会"砰"！

你是说轮胎里的气体压力不一样，是因为山上跟平地的空气压力不一样的关系？

"空气压力"，你讲了一个很好的观点！

如果你家的车子开一开，轮胎里的空气还会跑出去，

那完了！！

你爸爸就得下来换轮胎了。

一般来说，轮胎里的空气不会跑掉，**可是轮胎会变大变小是真的。**

嗬

或许……

是大气压力让空气窜进轮胎，轮胎就变大了。

可轮胎是密闭的，空气出不去，应该也进不来才对。

会不会像**面包发酵**一样，然后就变大了？

里面的空气会自己膨胀！

好像很好吃……

是这样吗？
我也不知道呢。

老师，我们想了这么多原因，哪个才对呢？

轮胎到底为什么会变大变小？

我们来实验看看！

如何改变空气压力?

21

为什么山上的空气比较少?

我们呼吸的空气其实是有重量的哟！空气会受到地球重力的影响，越靠近地表的地方，空气越多，气压越大；而随着高度上升，空气越少，气压也就越小。

平时我们感受不到气压的存在，但是当我们坐车上山或搭乘高速电梯升降，快速改变高度时，会有"耳朵突然被塞住"的感觉，那是因为耳膜内的气压与外面的气压不平衡造成的。

气球因为空气压力变大爆掉？

气球

塑料瓶

一起来准备这些实验材料，

想办法让气球外的气压变大或变小。

打洞和没打洞的瓶盖

打气筒

细水管

1. 首先把气球放进塑料瓶瓶口处。

3. 把气球口打结后，放入瓶中。

2. 用打气筒将气球微微充气。

＊不太会打结的话，可请人协助，再多练习几次就会了！

23

咦，这是什么东西啊?

瓶盖，为什么打了一个洞?

猜猜看! 这个洞有什么用途呢?

*瓶盖打洞要注意安全，可请大人帮忙。

要把管子穿进洞里。

插入

对啊! 先把管子塞进洞里，再把瓶盖拧紧。

再接上打气筒，就可以打气到瓶子里。

旋转　旋转

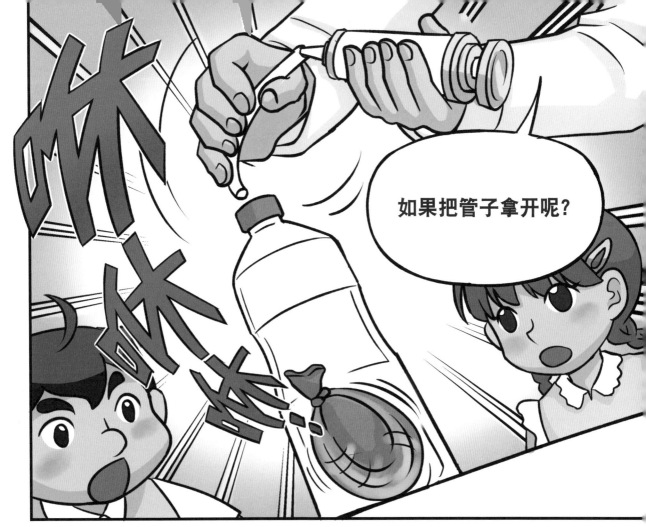

刚刚的实验证明，瓶子里的空气变多，气压变大，气球就会变小。

除了打气，还有其他办法让气球变小吗？

捏捏捏——

捏

捏一捏！

有想法，我喜欢！

就交给小钧用力捏。

捏

要换成没打洞的瓶盖，用力捏扁瓶子！

啪啪

变小了！

真了不起！

所以你们的推论是对的！

棒！

为什么瓶子里的气压变大，气球会变小？

空气中的气体粒子会流动，粒子之间的距离也会改变。打气时，瓶内的空气粒子变多变密，粒子彼此间距离变小，气压变大，便会挤压气球，使得气球内的气体粒子距离也跟着缩小，气球的体积就逐渐变小了。

当停止打气后，瓶中气球的内外压力会相等，便维持在一个平衡状态了。

1 打气前，气球外的气压和气球里的气压是一样的。

2 打气后，气球外空气变多，气压变大，去挤压气球，让气球变小。

3 换成没孔的瓶盖，捏扁瓶子使瓶子空间变小，空气粒子分布变密，也就是气压变大。

气球内外的空气粒子是均匀分布的。

气球被挤压后，气球内外的空气粒子变成较密集的均匀分布。

瓶子捏得越扁，气球就会被挤压得越小。

袋子是因为空气压力变小才爆掉?

刚刚的故事还没说完,小明的爸爸以为爆胎了。

下车查看却没事啊!

小明的妈妈想到车上的食物,

于是检查到底是什么东西破掉了。

有没有可能是这个破掉?

有可能!因为袋子里面都是气体,

而且袋子是密闭空间,气体不会漏出去。

没错!就跟轮胎一样,内部都充满空气。

如果到山上,空气压力会变……

31

现在来挑战一下吧。选一包，要大的还是小的？

看谁有本事把它抽爆！

嘿嘿！如果等一下抽爆了，要请我们吃哦！

没问题！但是没爆的话，就归我啰！

这包最大，最好吃。我猜这包最容易破！

对！对！对！爆破面包！

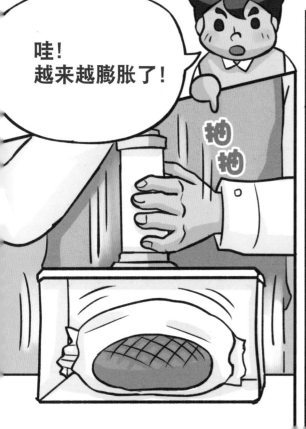

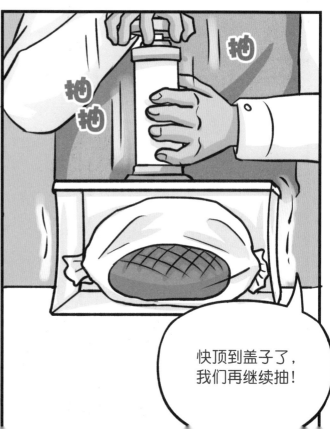

我觉得是装很多东西。

因为空气被挤出来越多，剩下的空气就会越少。

你是说剩下的空气越少，越容易抽爆？

我们来验证一下你的想法对不对。

＊本项探索还可能涉及很多因素，包括盒子和袋子里的空余体积、袋子材质和强度等，可再进一步进行思考。

只有一次机会，想想怎么放可以抽爆更多的东西！

应该先装大的，再用小的把空间塞满。

不管啦，通通塞进去。

一个一个小心塞，不然还没实验就先爆掉了。

不要太用力塞，压破的就变成我的啰！

各就各位，轮流抽！

变得好难抽……

越抽它越抵抗，是不是？

最后派谁把它抽到爆吧！

我来把它抽爆！

注意听！应该听得到爆掉的声音。

缓缓抽起

怎样可以较快地把饼干袋子抽爆?

1 大包的饼干体积较大，能占据盒子较大的空间，里头剩下的空气就较少。

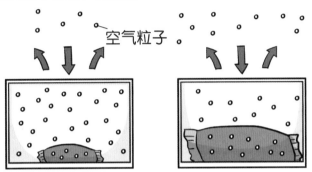

空气粒子

大包饼干的盒子里剩下的空气比较少。

2 同样抽了数次后，大包饼干盒子里的空气较快地被抽掉，气压也变得较小，所以能较快抽爆饼干袋。

大包饼干盒子里，空气已经快被抽光，袋子也快爆掉了。

　　只放一包还是很多包饼干，哪种能较快地被抽爆？这跟放小包还是大包的道理相同。能占据盒子越多空间，让盒子里剩下越少空气的，也就能越快地将空气抽掉，从而抽爆饼干袋。所以，是放一包还是很多包容易抽爆呢？相信你已经知道答案了!

空气压力的重要性

小钧，你把抽气泵贴在脸上，一抽就会粘住，很好玩，但这很危险哦！

你一抽就把贴近你脸上的空气抽掉，你的肉肉会跟面包一样**肿——起——来！**

这么小的范围，空气几乎只有一点点，你一抽里面的空气几乎就全被抽掉，

皮肤 抽气泵

皮肤的细胞会瞬间爆出来。如果你抽快一点，说不定血与肉就被你抽爆！

所以抽气泵不可以用在脸上。它就像宇航员到太空中……

我知道！要穿宇航服、戴头盔！

对！这样才能罩住里头的空气，让宇航员不会爆掉。

如果什么都没有穿戴，突然间身上接触的地方都没有压力，全身就会……

身上的肉就会全部膨胀爆掉！

好恐怖！

真的就是这样啊！

老师，如果你在外太空把头盔拿掉，你的脸会胀得这么大。

老师就变成**大猪头**了！

HAHAHAHAHA

爆破面包学问多

又看到一包
爆掉！

耶！！

我发现了一件事情，

抽爆的三个袋子，
都是中间联结
的地方破掉！

有学问！
什么地方破掉，表示
什么地方最脆弱。

下次就从
这个地方下手，
最容易撕开！

聪明！！

课堂笔记

乔乔

　　在平地买的袋装面包，拿到高山上袋子会膨胀得很大，是因为高山上空气比较稀薄，空气压力比平地小，所以面包袋子里的空气体积才会变大，就鼓起来了。还有在飞机上，我打开水壶会发出"砰"的声音，原来就是水壶内外空气压力不一样造成的！

安安

　　今天老师带我们一起用气球和瓶子做空气压力的实验。我们在瓶子里放进一个小气球，然后用打气筒打气进去，让瓶子里的空气变多，结果气球体积就变小了。打开瓶子后气球又复原了，真好玩！还有，爆破面包实验的小秘密是：当抽气系越来越难抽时，再加把劲，袋子就会破，就可以赢到一个面包了！

小钧

　　今天我们跟老师挑战抽空气的游戏，如果把面包袋抽爆，我们就有的吃。我们每个人都很期待成功，努力到抽不动为止。最后我吃到面包而且还吃了最多！我们还发现，袋子都是从中间的接缝处裂开的，那就是袋子最脆弱的地方，以后我从那里打开最省力。老师说我们观察认真，实验时懂得不轻易放弃。

阿德老师的话：

　　我曾经开车上合欢山，路上车子里的面包袋子突然爆破，当时我真的以为是后轮爆胎，下车查看后，发现车胎没事。当时想到车子后座有装面包、饼干等密封的袋子，也许是它们因为气压改变而破掉，查证结果就是其中一个菠萝面包的袋子破掉了！所以我就把它当故事来引起孩子的兴趣，进而探究空气的特性和认识空气的压力。

　　空气无所不在，而气压虽然平常感受不到，但通过具体的操作实验，可以让孩子观察和感受到气压的变化和影响。在这几个和空气相关的实验中，孩子在提问时就可以联想到自己的生活经验，例如：在车子上山的故事中听到爆破声时，乔乔马上想到自己曾经在飞机上喝水，打开水壶时水壶发出"砰"的声音，让讨论快速地聚焦在声音是和密闭的容器及空气有关。大家还可以通过动手实验与操作，观察现象，并做出推论，例如：安安在协助老师做实验给塑料瓶打气时，不忘观察瓶子的变化，进而说出瓶子变得很硬，帮助大家了解实验结果，提出空气多了压力会变大的想法。在讨论轮胎爆破的原因时，小钧想到空气会不会像面包发酵变大，使得轮胎破掉。虽然答案不正确，但是能用自己的经验，对一个现象提出可能的答案，在科学学习过程中是一件很棒的事。

　　所以，同学们也可以和乔乔、安安、小钧一样，在观察到一些现象与变化时，不妨多想一想，为什么会这样？是什么原因造成的？印象中还有什么跟你们现在观察到的很类似？尽量不设限地试着去思考与推论，并且通过动手实验来验证，慢慢地养成思考、推论、动手做的习惯。

　　日常生活中有许多有趣的科学现象，只要我们多留意身边发生的小事，当感觉怪怪的，或是事情不对劲时，停下来用心思考，小心探究求证，说不定我们就会有意外的发现。

47

声音的秘密
会叫的杯子

為什么会发出声音?

50

我还会放连环屁！

噗！噗！噗！噗！噗！

要上课了，不要再玩啦！

别吵啦！

咚!!

每个人都会放屁，放屁就会有声音。

不如，我们今天就来玩……

"声音"的科学游戏吧！

那我们一起来摸摸喉咙……

啦哩啦——

啦啦啦——

再把你的手臂伸出来，贴着嘴巴，用力"放屁"……

啊！不是放屁，是用力吹气。

好像放屁的声音。

噗 噗

有没有感觉麻麻的？请问是什么在振动呢？

是嘴巴！

你再吹一次试试！是嘴巴在振动吗？

什么是声音？

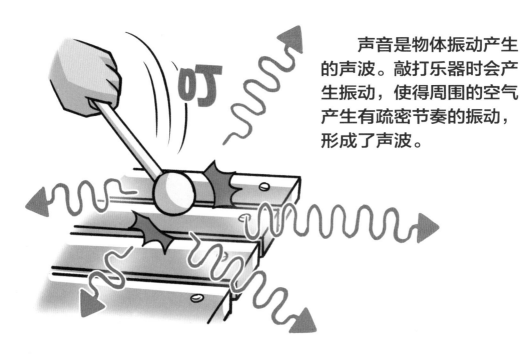

声音是物体振动产生的声波。敲打乐器时会产生振动，使得周围的空气产生有疏密节奏的振动，形成了声波。

当这段声波传递到我们的耳朵里，就是我们所听到的声音。

声音的大小、高低跟什么有关？

果然好大声，那想要小声该怎么办？

轻轻地敲！

筷子会不会振动？

振

会！

再换成吸管来敲敲看，声音一样吗？

不一样，吸管的声音比较轻。

所以敲打不同的材质发出的声音也不一样。

再比较一下，握长一点，敲出来的声音怎样呢？

声音比较低呢！

握短一点，敲出来的声音也不一样！

咔

咔

握短敲的声音比较高！

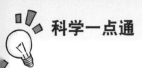

为什么声音会不一样?

不同材质的东西因为内部的成分、结构不同，被敲打振动发出的声音会有所不同——有的低沉，有的尖锐。相同材质的东西也会因为厚薄不同、长短不同，振动时发出的声音不一样。

咚   铿

木质杯 塑料杯 玻璃杯

Do Mi So

敲得越用力，物体产生的声波振动幅度也越大，所以发出的声音也就越大声，反之越小声。

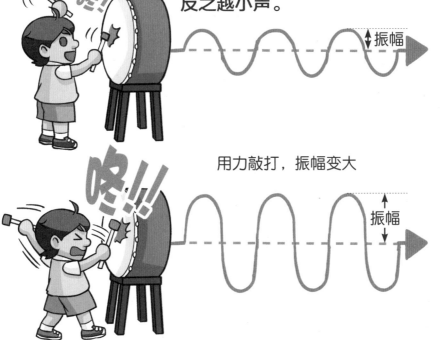

咚!

↕振幅

用力敲打，振幅变大

咚!!!

振幅

振动会产生共鸣?

什么是共鸣?

振动越快,发出的声音越高。物体振动的快慢我们称之为频率,频率越高,音调也就越高。

每个物体都有它固有的振动频率。当一个物体振动发出声音,若附近有跟它振动频率相同的物体,就会跟着一起振动而发出声音,这种现象称为共鸣。

▼将两个相同频率的音叉并列在桌上,用小槌敲击 A 音叉,发出振动的声波,相同频率的 B 音叉也会跟着产生振动,发出声音。

当飞机或直升机从上空飞过,或是大卡车经过时,有可能会使房子的门窗产生剧烈振动而发出很大的声音,甚至会使门窗上的玻璃破裂,就是这个原因。

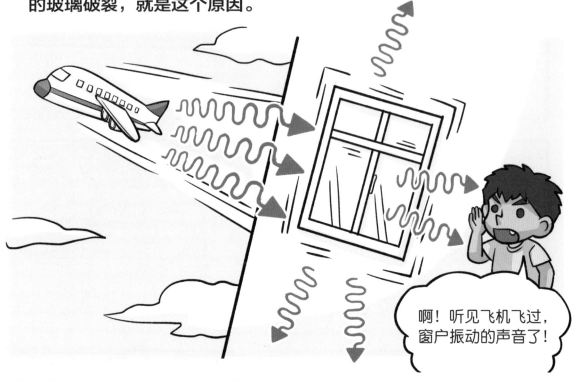

啊!听见飞机飞过,窗户振动的声音了!

为什么会产生共鸣?

手指快速摩擦打下去，

发出响亮的声音。

所以摩擦盘子也会发出声音！

我以前最喜欢玩"打响指"。

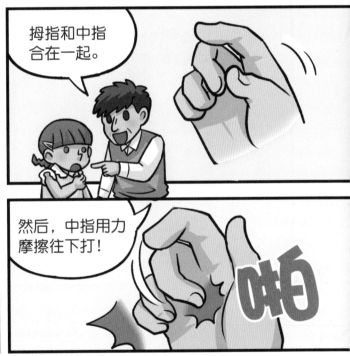

拇指和中指合在一起。

然后，中指用力摩擦往下打！

啪

可以蘸点水，增加摩擦力。

我不会……

现在换手掌来摩擦试试看。

成功了！

75

杯子共鸣的原理

　　杯子的形状可以让摩擦发出的声波被杯子反射，在杯中的空气里不断来回跑，与杯子里的空气产生共鸣，使得一开始杯子边缘小小的振动，通过共鸣让声波的振幅越来越大，放大声音，发出响亮的嗡嗡声。

1 一开始，摩擦杯子边缘产生小小的振动。

2 通过杯子的共鸣，使得振动加大，杯子里的水开始振动起来！

3 不断的摩擦和共鸣使得振幅越来越大，听到的共鸣声也越来越大。

嗡

嗡

嗡

嗡嗡嗡

乐器为什么要有个"大肚子"?

很多乐器是不是都有个"肚子"?

对!

那钢琴里面是不是也有个"肚子"呢?

有! 钢琴里应该有个空的"肚子"。

咚咚

空的? 这个"肚子"是空的?

是!

这个"肚子"就是钢琴的"音箱"。

吉他的"肚子"也是音箱。

乐器需要音箱来让声音变大?

当

对! 弦乐器是以弦的振动来发声的,

但是弦很细, 只靠弦没办法让周围很多的空气振动,

只能发出很弱的声音。

当当

当

将弦加上音箱, 当乐器上的弦振动时,

紧靠弦的音箱就会随之振动, 使更多的空气振动, 将声音放大。

当当当

这个盒子有没有"肚子"？

有！

你们觉得敲起来怎么样？

很大声！

老师，我们可以拿它来做乐器的"音箱"吗？

好，不过我们先得搞清楚，

做乐器首先要有"肚子"。

跟我一起做！像这样把双手放在嘴巴边，你们说话试试，声音有没有变大声呢？

这样有更大声吗？

吵死了……

声音真的有变大的感觉。

难怪爸爸妈妈有时候喊小朋友，会加上双手让声音变大。

就像有了大喇叭一样！

在空旷的停车场喊叫也会有回声。

哦

哦

"回声"跟"共鸣"不太一样哦！

回声是声波碰到障碍物反射回来的声音。

什么是回声？

　　回声是声波遇到障碍物反射回来的声音。当对着山谷或空旷的室内停车场喊叫时，部分声波第一时间会从你的口中直接传到你的耳朵，另一部分声波碰到山壁反射后，又再度传回到你的耳朵，这个反射回来的声音就被称为回声。

制作一个弦乐器

今天我们要做的是"弦乐器"，

"弦"就是摩擦或弹奏时可以发出声音的一根东西。

一定要有弦吗？

要啊！就像吉他要有弦，才能通过拨弦振动来发出声音。

我准备了三种线来做弦，每种线弹出来的声音都不一样哦！

没想到棉线也可以当弦！

我先来做一个乐器试试看。

摆弄

放

你们听！声音的高低有变化吗？猜猜我在哪里动了手脚。

叮

叮

你有一只手在后面控制着！

紧

松

叮

叮

被发现了！我在偷偷把线拉紧或放松。

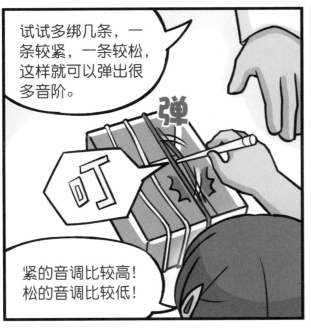

试试多绑几条，一条较紧，一条较松，这样就可以弹出很多音阶。

弹

叮

紧的音调比较高！松的音调比较低！

可以加上一根筷子，上下移动弹试试！

叮

音调高低不一样了！

开始做你们的乐器吧！

把弦固定起来有困难的话，也可以把回形针折成这样，并用胶带固定。

乐器的弹奏秘诀

乐器做好了，怎样才能弹出高高低低的音调，成为一首好听的曲子呢？试试有哪些方法吧！

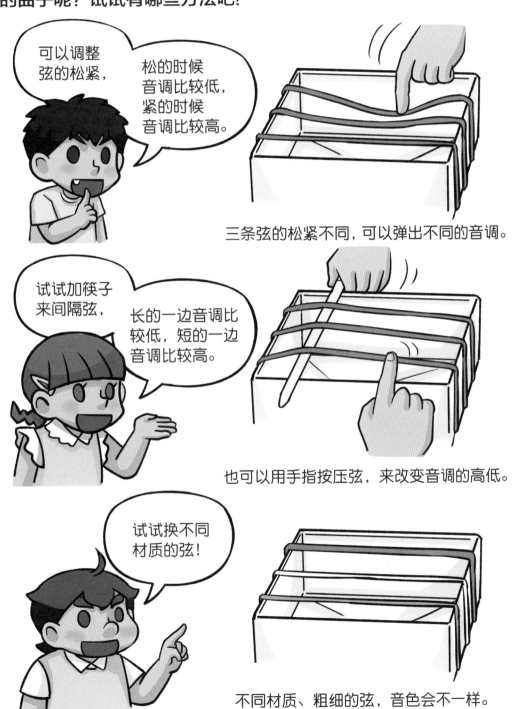

可以调整弦的松紧，

松的时候音调比较低，紧的时候音调比较高。

三条弦的松紧不同，可以弹出不同的音调。

试试加筷子来间隔弦，

长的一边音调比较低，短的一边音调比较高。

也可以用手指按压弦，来改变音调的高低。

试试换不同材质的弦！

不同材质、粗细的弦，音色会不一样。

下课前来说一说，你们今天有什么发现？

振动会发出声音。

共鸣可以将声音放大。

调整弦的松紧可以改变音调的高低。

你们的发现都很棒！

刚才做的是弦乐器，

那管乐器是不是也有相同的原理呢？

课堂笔记

乔乔

　　我们今天研究了"声音"，原来声音是东西振动发出来的，讲话的时候摸着喉咙就可以感觉到振动。我们还发现了一个很特别的现象，叫作"共鸣"。杯子因为形状的关系可以产生共鸣，发出响亮的声音。很多乐器也都有个"肚子"，可以让发出的声音变得更大哦！

小钧

　　我玩过敲打水杯来发出声音，没想到只用手指头摩擦杯子边缘，也能发出嗡嗡嗡的声音，水面还会跟着抖动，真是超级酷！我和安安、乔乔还装了好几个不同水量的杯子来演奏。我发现水量少的，声音比较高；水量多的，声音比较低。回家我也要让爸爸妈妈来听我表演，嘿嘿……他们一定会觉得超神奇！

安安

　　今天我们用盒子和线做乐器。我发现线绑得越紧，弹出来的音调就越高，绑得越松就越低。但是我绑的弦太松，弹不出声音，还好老师提醒我，可以在弦的下面垫个东西，我试着做了做，结果弦真的变紧了。乔乔的弦也太松了，我帮她想到可以插入筷子转几圈，这样就不用重绑啦！遇到困难时多想一想，说不定就可以找到解决问题的好方法！

阿德老师的话：

　　想起小时候，有一堂课上老师教我们物体因振动而发出声音，手摸脖子说话，马上可以察觉振动的现象。班上有位同学教大家将手掌放在自己的腋下，张臂夹住后上下摇动，让腋下发出很大又像极了放屁的声音。一时间，教室里充满了各种怪声和欢笑声。小时候印象深刻的游戏，给了我教学的灵感。因此我让安安、乔乔和小钧由触摸喉咙、夹住腋下发出声音等游戏觉察到振动，先对声音的现象感到好奇，再进一步通过杯子探讨声音振动和声音的共鸣。

　　安安用湿的手指头摩擦装有水的玻璃杯边缘，杯内的水跟着共振，形成一圈圈稳定的水波（驻波），杯子还会发出嗡嗡嗡的共鸣声。同学们可通过实际操作来感受共鸣的存在。进一步探究后发现，原来水可以增加手与杯子的摩擦力，水量的多寡也会影响摩擦的效果。我们还通过制作弦乐器，来体会弦的松紧和音调高低的关系。我提醒孩子可以在弦的中央放一个物品，如橡皮擦，形成乐器中"桥"的概念。"桥"除了可以改变弦的长度、调整音调高低以外，还可以帮助声音传到音箱来增强声音。你们也可以实际动手做一做，通过双手来探索声音传播的现象、高低与特性。光知道是不够的，还需要动手来验证，将想法付诸实验、一步步地完成，并且在实验过程中试着解决问题，才是真正的学习。遇到问题时，同学们也可以像乔乔和安安一样，和同伴相互讨论与交流，找出用筷子把弦转紧等办法。同伴也可以成为你们学习上的老师哦！

　　声音传播的现象十分有趣，探究时的挑战度和变化性都很精彩，你们可以在实验中发现问题、解决问题，进而对声音形成具体的概念。经过这样不断探究学习，日后你们再遇到声音的产生与高低、大小等特性时，才会有足够的经验和美好的回忆，支持你们更进一步的学习。

颠覆想象的磁感应
磁铁过山洞

是铁罐还是铝罐？

95

实验一 这是铁罐还是铝罐？

铝罐　　　铁罐

圆形磁铁

在玩磁铁之前，

我们要先来研究一下，这两个是什么？

这边的是**铝罐**啦！

你……

你怎么知道？

手忙

脚乱

罐子已经有点凹下去，而且你听……

啵
啵
啵

按下去有**啵啵啵**的声音，说明这个是铝罐。

你是说铝罐按下去，

就会发出啵啵啵的声音？

没错！而且一捏它就会凹进去。

铝罐比较软，铁罐比较硬。

为什么磁铁吸铁不吸铝?

磁铁可以产生磁场,一端磁极是 N 极,另一端是 S 极。若将两个磁铁的同极靠近,会互相排斥;若将不同极靠近,磁铁会互相吸引。

磁铁只能吸引本身可以产生磁性的物质。以铁为例子,铁块虽然平时看起来没有磁性,但其实铁是由很多小的磁性物质所组成,平常这些小的物质排列混乱,所以使得整块铁看起来没有磁性。不过,一有磁铁靠近,铁块内部原本杂乱排列的磁性物质变得整齐排列,N 极、S 极方向一致就产生吸引的磁力,从而能被磁铁所吸引。但是铝、铜等金属类的物质没有磁性,所以就无法被磁铁所吸引。

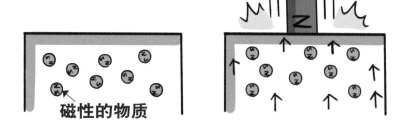

磁性的物质

实验一下,将软磁铁*剪碎放进管子,原本磁性物质杂乱排列,没有磁力。用磁铁来回刷过之后,磁性物质排列变得整齐有序,就可以吸住回形针了。

见证奇迹的时刻!

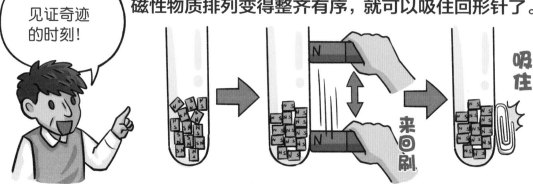

吸住

来回刷

* 软磁铁:很容易获得磁性,也很容易失去磁性的材料。

磁铁不是不吸铝吗?

实验二 磁铁过山洞

打了洞的铝管

圆形磁铁

铝罐

和强力磁铁一样大小的铁块

强力磁铁

刚才我们验证了磁铁不会吸铝。

现在要来做一个颠覆你想象的实验,

叫作"磁铁过山洞"!

请问这是什么?

我们把这个当作山洞。

有洞的管子?

是笛子吗?

是铝做的管子吗?

没错!
这支铝管是磁铁准备通过的山洞。

请问磁铁跟铝管有什么关系?

磁铁不会吸铝。

举手

101

预备，开始！

1 秒就掉下来了！

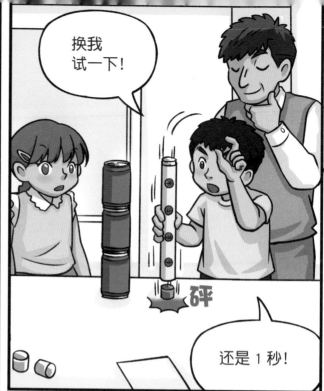

换我试一下！

还是 1 秒！

我知道了，因为铝不会吸铁，

又有地心引力的影响，所以铁块一下子就掉下去！

那如果换成磁铁呢？

说不定，磁铁会吸铝，就不会掉下来！

咦，刚才不是说过磁铁不会吸铝吗？

对哦……

哈哈！上课不专心！

虽然刚刚是这样说，

但这个实验也会是这样吗？

请每个人都试一试！

我试了好几次，都是 4 秒。

铁跟磁铁的大小都一样，应该不会有摩擦的问题。

……

按住

我有一个发现，按住旁边的洞，结果磁铁还是往下掉。

按住底下的洞也还是一样，对不对？

为什么要在管子上打四个洞？

洞是用来……

观察磁铁的移动！

聪明！有洞我们才能观察到磁铁在里面移动的状态啊！

109

为什么磁铁经过铝山洞，速度会变慢？

113

老师再来补充一下，

磁铁一边如果是S极，另一边会是什么呢？

N极！

也就是南极和北极。

磁铁的周围有磁场，如果磁铁快速移动的话，

不动的时候就不会有这个现象吗？

相当于在磁铁下面就会产生另一个跟它对抗的磁场。

没错！

所以有一个天才就开始思考……

对抗的磁场

可以用对抗的磁场

来做什么呢?

有了!它可以用来做刹车!

刹车不是用夹的方法吗?是摩擦力让轮子停下的?

我的脚踏车就是这样!

今天要做不用夹就能刹住的刹车哦!

磁铁做成的刹车,

刹!!

好酷哦!

怎么做磁铁刹车呢?

我猜会用到铝和磁铁。

磁铁可以用来刹车？

实验三 磁力刹车

强力磁铁

铝罐

竹签

剪刀

怎样可以利用磁力做刹车呢？快来做实验吧！

首先，

做好一个陀螺！

陀螺的盘面是用铝做的？

没错！

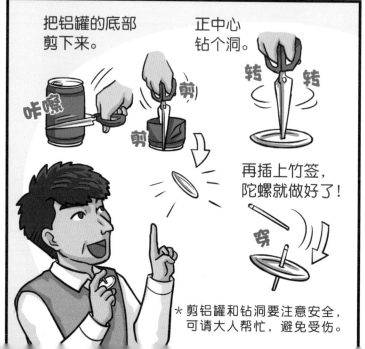

把铝罐的底部剪下来。

正中心钻个洞。

咔嚓

剪

剪

转 转

再插上竹签，陀螺就做好了！

穿

*剪铝罐和钻洞要注意安全，可请大人帮忙，避免受伤。

上一个实验是磁铁在移动，

如果换成铝做的陀螺在动，看看会发生什么事。

转动的陀螺好像轮子哦！

说得好，我喜欢！

这次换成铝转动、磁铁不动？

没错！你们谁想要试试？

没有磁铁靠近的陀螺，和有磁铁靠近的陀螺，转起来会一样吗？

磁铁应该也会跟铝做的陀螺产生对抗。

那会让陀螺转得更快？

我觉得是对抗，所以转动会变慢！

到底会怎样呢？

赶快来试试就知道啦！

可是要同一个人转才行!

这样转的力量才会相同!

要不然这个实验没有效。

不同的人力气不一样,安安的想法很有道理!

我们还要一个人负责拿磁铁,另一个人负责计时!

那我来转,我的力气大。

我来计时。

那我负责拿磁铁。

预备……

开始!

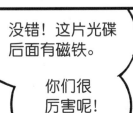

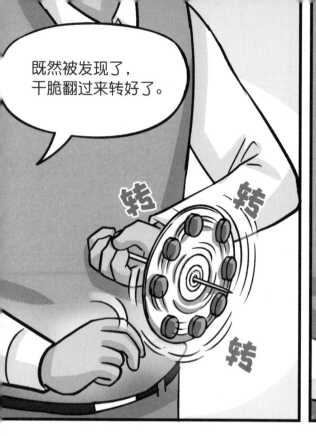

既然被发现了，干脆翻过来转好了。

转 转 转

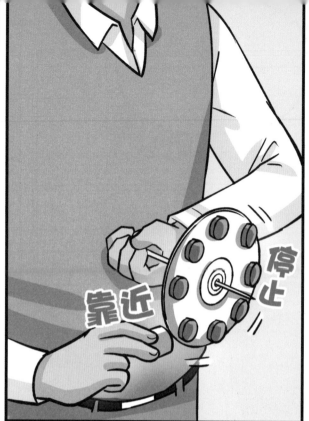

靠近 停止

光碟的转动被控制住了。

所以磁铁和磁铁也可以用来刹车？

可是我之前的陀螺是用……

之前的陀螺是用铝做的。

陀螺转动时，磁铁靠过去就会刹车。

这就是有学问的地方了，

因为铝和磁铁会产生"感应"。

磁力刹车的原理

1 当磁铁靠近转动中的铝盘，磁铁一端的磁力对铝盘产生作用。

2 靠近磁铁 N 极的铝盘，会产生一个对抗的、相当于 N 极的磁场，阻止铝盘转动，而产生刹车的作用。

这块区域和磁铁相斥，不让磁铁靠近。

同极相斥

3 离开磁铁 N 极的铝盘，会产生一个相吸的、相当于 S 极的磁场，不让磁铁走，也会产生刹车的作用。

这块区域会和磁铁相吸，让铝盘不要离开磁铁。

异极相吸

这可神奇了！

靠近时 → N 就对抗，叫它不要过来！

离开时 → S 就吸引，叫它不要走！

感应磁场的应用

在今天的实验中，你们有什么发现？

磁铁过山洞时，会和铝管产生对抗，

让磁铁掉下去的速度变慢！

铝的陀螺遇到磁铁，也会让陀螺转动的速度变慢！

运动中的磁铁和金属会产生"感应"而互相对抗，

停住

可以用来做"磁力刹车"。

你们的发现都很棒！

再想想看，磁铁和金属产生的感应，除了用来做磁力刹车，

有没有可能用在别的地方呢？

譬如，这个铝做的指尖陀螺。

课堂笔记

乔乔

　　磁铁过山洞好神奇！原本我猜磁铁1秒就要掉出来，结果居然在铝管里待了4秒钟才掉出来。我以为磁铁只会吸铁，对铝就不会产生作用。没想到这个实验打破了我的旧观念，只要磁铁快速运动就会跟金属产生对抗的磁场。而且这样的原理被广泛应用在日常生活中，像我们平常搭乘的地铁，就是用它来刹车！

安安

　　今天做实验的时候，小钧跟我都想要转陀螺，抢着抢着我们还差点吵起来……不过老师说，做实验需要大家一起合作，每个人负责不同的工作，才可以让实验顺利完成。所以我让小钧来转陀螺，他转得很棒，让实验很成功。小钧也说下次如果我们再争执时，要换他来让我哩！

小钧

　　我正在烦恼下周的才艺分享会要表演什么才好……嘿嘿！今天上课学的刚好可以拿来表演魔术。我只要用铝罐做个转盘道具，再偷偷在魔术棒上头安装磁铁，就可以挥挥魔术棒，让转盘听我的指挥转动和停止。大家一定会觉得超级不可思议，我的表演肯定会是最酷的！

阿德老师的话：

同学们，你们听过"磁感应"吗？或许你们对这个词感到很陌生，也不知道那是什么，但看过了前面的漫画之后，你们应该对磁感应有所认识了。其实，在我们的生活中，还有许多磁感应的应用，等着你们去发现！

这一次，我们运用磁铁在铝管中玩过山洞游戏，小钧、乔和安安发现大小相同、重量相当的磁铁块和铁块，磁铁块掉落桌面的时间大约长了3倍。小钧提出可能是受摩擦力影响的观点，安安竟然能够提出和一位科学家发现的楞次定律* 极其相似的解释，甚至试着画图，说明铝管会产生一股相斥的力量，使磁铁块减缓掉落的速度。虽然安安的说法没有科学家般精确，但也相去不远。这说明，同学们其实都可以像科学家一样，尝试推论，得出科学的发现。当你们有想法时，也可以像小钧和安安一样试着表达，甚至用画图的方式展现自己的理解，用图来补充说明自己的观察和推论，这是很重要的科学探究方法哦！

在"科学一点通"中，阿德老师鼓励你们进一步动手实验研究磁化现象。磁铁吸住铁后，能使铁像磁铁一样吸引铁制品，再放开后铁就不能吸了。这个短暂的磁化现象非常有趣，但背后的科学道理并不是那么容易理解。通过实验，在试管内放入软性小磁铁碎片，这些磁铁碎片就像是铁分子一样，平常排列杂乱不规则时是不具磁性的，吸不起回形针，但经过磁铁来回接触吸引后，这些小碎片变得规则排列而产生磁力，便可以吸住回形针了。只需这样设法将抽象的概念，具体化为可以操作的实验，就可以让你们通过实际操作，观察和体验磁铁碎片整齐排列而产生磁力。可见，艰深不易理解的知识或科学原理，只要经过适当的转换，你们同样可以主动接触，探索学习，并从中获得知识和快乐。对于未知的科学议题，不要一下子就因为感到陌生与恐惧而放弃，抱着开放学习的心态，你们也可以成为小小科学家哦！

---

*楞次定律：由俄国物理学家海因里希·楞次（Heinrich Friedrich Emil Lenz）所发现。根据楞次定律，当电流通过一个磁场时，会产生一个与本来磁场的变化相对抗的磁场。

出 版 人：常　青
艺术总监：张杏如
责任编辑：高海潮
特约编辑：陈晓玲　王才婷
美术编辑：王素莉
责任校对：刘国斌　张建红
责任印制：王　春　袁学团

ADE LAOSHI DE KEXUE JIAOSHI
书　名：阿德老师的科学教室
WULI DA JINGQI
　　　　物理大惊奇
作　者：廖进德
编　者：信谊编辑部
绘　图：樊千睿
出　版：四川少年儿童出版社
地　址：成都市锦江区三色路238号
网　址：http://www.sccph.com.cn
网　店：http://scsnetcbs.tmall.com
经　销：新华书店
特约经销商：上海上谊贸易有限公司
地　址：上海市静安区南京西路1266号恒隆广场二期3906单元
电　话：86-21-62250452
网　址：www.xinyituhuashu.com
印　刷：上海当纳利印刷有限公司
成品尺寸：260mm×187mm
开　本：16
印　张：8.5
字　数：170千
版　次：2023年2月第1版
印　次：2023年2月第1次印刷
书　号：ISBN 978-7-5728-0871-5
定　价：299.00元（全5册）

版权所有 翻印必究

图书在版编目（CIP）数据

物理大惊奇 / 信谊编辑部编；樊千睿绘.— 成都：
四川少年儿童出版社，2022.9
（信谊 阿德老师的科学教室；1）
ISBN 978-7-5728-0871-5

Ⅰ．①物… Ⅱ．①信… ②樊… Ⅲ．①物理学—少儿
读物 Ⅳ．①O4-49

中国版本图书馆CIP数据核字(2022)第155279号

Mr. Rad's Science Class (Vol.1)
Concept © Chin-Te Liao, 2019
Illustrations © Chian-Ruei Fan, 2019
Originally published in 2019 by Hsin Yi Publications, Taipei.
Simplified Chinese edition © 2023 by Sichuan Children's Publishing House Co., Ltd.
in conjunction with Hsin Yi Publications.
All rights reserved.

本简体字版 © 2023 由台北信谊基金出版社授权出版发行

四川省版权局著作权合同登记号：图进字21-2022-305号